花园时光

阳台、露台、小庭院

凤凰空间·华南编辑部　编著

江苏凤凰美术出版社

第一章 了解你的花园

第二章 花园里的植物魔法师

第一章

了解你的花园

- 环境因素
- 工具
- 养护技巧

……

繁忙的工作、快节奏的生活,让人透不过气。如果此刻有个小花园,能让你坐看云卷云舒、任花开花落,那么世界仿佛都变得明亮起来了。多希望能在家里享受悠闲的花园时光,看花园里的花朵只为自己而盛开。但要打造一个完美花园,我们需要学会和花园对话,了解花园的客观条件,才能更好地利用和打造花园空间。

一、环境因素

因方位、朝向、海拔、四周遮挡物等不同，环境各异，适合建造的花园会有不同。为了更好地享受花园时光，需要先了解自家花园的环境，才能建出最适合自己的花园。

阳台

阳台按朝向的不同，可大致分为东向阳台、南向阳台、西向阳台和北向阳台。不同朝向的阳台光照条件不一样，要根据实际情况选择合适的植物和家具。

在周围没有明显遮挡物的情况下，南向阳台是几类阳台中阳光最充足的，适合种植阳生植物，适宜晾晒。摆放在南向阳台的家具需注意防晒或选用耐晒的材料。

东向阳台上午阳光较好，午后虽无阳光直射，但散射光充足，适宜种阳生、稍耐阴的植物。

西向阳台上午没有阳光直射，稍阴，下午则会有强烈的日照，适合种植阳生、旱生的植物。

在其他条件相同的情况下，北向阳台的日照条件是最差的，以散射光为主，夏季会有短暂的阳光照射，尽量选择阴生、耐阴的植物。

露台

　　露台一般是指房子的屋顶平台或在其他楼层中做出的大阳台,近似于屋顶花园。露台一般面积较大，没有屋顶，光照条件较好。

　　露台花园有许多优势，日照充足，所以基本是全日照，私密性好，安全性好，不用担心高层坠物、入室盗窃等。

但露台花园也有很多缺点。比如：由于是全日照，在盛夏时节会很难熬；土壤深度有限，种植植物种类受限；需要额外处理防水问题，一旦漏水需要拆除花园、重新处理等。

露台花园的魅力远远大于这些困难，只要科学规划，严格施工，细心照料，露台花园会回报给你满园的幸福。虽然花园是一个室外空间，但也要把它当作室内房间去考虑。一切都要根据自身的需求来制定，包括动线、功能分区、户外家具、装饰等，还要考虑光照变化、植物选择等要素。

 庭院

庭院是指房子周围归属于该房子的宽阔地带。庭院的艺术性主要通过植物的搭配所营造出的个性化设计来体现，既可以通过单一植物的大面积种植，也可以通过具有一定形状或色彩的植物来营造独具特色的空间。

庭院的设计风格依据主人的个性化要求、身份、性格、爱好、家庭成员结构和主体建筑的风格进行确定。庭院类型可以概括为规则式庭院和自然式庭院两大类。

庭院的建筑色彩对庭院的风格也有重要影响，常见的做法是根据建筑色彩与周围环境确定庭院的主色调，从而实现颜色的和谐统一。

植物的生长发育受排水、光照、通风、土质等多种因素的影响，尤其是光照条件，其直接影响着我们对花卉品种的选择。光照条件好、方向朝南是独立式住宅庭院最理想的地理条件。因此，在进行独立式住宅庭院景观设计

前，要对庭院的地理条件进行研究分析，如全天日照时长、阴面与阳面的处理等，根据庭院的地理条件进行植物种类的选择。背阴处可以建成阴地花园等。此外，观叶植物也是庭院风格的重要影响元素之一，在设计时，还应考虑观叶植物叶形的变化、质感的差异和季节变化的影响等因素。

二、工具

花园里的劳作并非粗放的农活，借助各种漂亮又实用的园艺工具，可将劳作化作雅事。

1 枝剪

主要用于修枝，修剪病虫害枝条、徒长枝条等。

2 园艺手套

用于保护双手，有防水、防刺伤等作用。

3 园艺地垫

可在地垫上翻盆换土、配土拌土、修剪植物等，清洗方便，更适用于阳台和露台。

4 园艺水枪

多用于大型花园的浇灌，操作方便快捷，能通过调节喷头浇灌高处的植物。

5 浇水壶

主要用于浇水、在根部施液体肥或药剂。

6 喷壶

主要用于喷药、施叶面肥和加湿空气。

7 宽铲

可用于松土、拌土。

8 窄铲

可用于除草、移栽植物等种植维护工作。

工具套装

三、养护技巧

 植物浇水技巧

阳台和露台以盆栽为主，庭院可选择地栽或盆栽的方式。地栽的浇水方法比盆栽简单，大自然中土壤水分有一定的自我调节能力，只要保证地栽植物的土壤不干旱和不长期积水就问题不大，但应注意不要在夏天土壤温度很高的时候浇水，因为会对根系造成伤害。

盆栽因盆器的限制，土壤水分没有自我调节的能力，对人工浇水的要求较高，且不同植物对水分的需求不一样，浇水方法不能一概而论。根据植物的不同类型，盆栽浇水大致有以下三个原则。

（1）见干见湿

"见干"是指要等到表层土壤干了才能浇水；"见湿"是指浇水时要浇透，直到盆底有水流出，若没有浇透土壤，位于盆栽下部的根系就会吸收不到足够的水分。

见干见湿的浇水方式适合喜湿而不耐涝的大部分中性植物，这种方式有助于这类植物的根系健康生长，防止因浇水过多而导致烂根等不良现象发生。

常见的喜湿而不耐涝的植物有：杜鹃花、山茶花、月季、栀子花、米兰、南天竹、八仙花、万年青等。

要做到盆土有干有湿，既不可长期干旱，也不可经常湿透，而要干湿相间。

（2）宁湿勿干

宁湿勿干，即浇水要使盆土经常保持潮湿的状态，表层土壤有干的迹象就要浇水，不能让其干旱，然而也不能长期积水。

这种浇水方式适合喜湿植物，湿润的环境能使它们长得更加繁茂。

常见的喜湿植物有：马蹄莲、龟背竹、旱伞草、玉簪、落新妇等。

（3）宁干勿湿

宁干勿湿，即要等表层土壤完全干了才可浇水，宁可土壤稍微干一些，也不可频繁浇水，切不可出现积水的现象。

这种浇水方式适合喜干耐旱的植物，这类植物大部分为肉质根，长期湿润的环境会造成烂根，不利于植物生长。

常见的喜干耐旱植物有：松科和多浆多肉植物等。

同一种植物在不同的生长阶段对水分的需求是不一样的，在生长期需要的水分较多，而休眠期需要的水分很少，所以要按植物的生长习性选择不同的浇水方式。一般中性植物在生长期选择"见干见湿"的浇水方式，而到了休眠期，就要选择"宁干勿湿"的浇水方式。

 施肥技巧

按使用的时间分类，花园肥料一般分为两种，分别是基肥和追肥。基肥是播种前或移植前施入土壤的肥料，而追肥则是在植物生长中加施的肥料。

（1）基肥

基肥的主要作用是供给植物整个生长期所需养分，一般选用有迟效性的肥料，如有机肥和缓释肥，常见的有蚯蚓粪、鸡粪、羊粪、骨粉等肥料。它们分解缓慢，在植物整个生长期间，可以持续不断地发挥肥效。

（2）追肥

追肥的作用是满足植物某个时期对养分的大量需要，或者补充基肥的不足。追肥的使用比较灵活，要根据植物生长期间所表现出来的元素缺乏症，对症追肥。

追肥一般会选用速效肥料，花园中常用的肥料是"花多多"和"美乐棵"等品牌的水溶性肥料。它们不同型号的肥料配方不一样，适用于不同的植物或不同的生长期，使用前应先仔细阅读使用说明，对症追肥。追肥时，应本着薄肥勤施的原则，防止肥料浓度过高出现烧苗现象。

 # 病虫害防治技巧

花园植物常见的病虫害有：白粉病、红蜘蛛、小黑飞、蚜虫、毛毛虫、蜗牛等。

（1）白粉病

白粉病主要发生在植物的叶、嫩茎、花梗及花蕾等部位，是月季的一种常见病害。

嫩叶染病后，叶片会皱缩、变形；老叶染病后，叶面会出现病斑，受害部位的表面布满白色粉层，影响光合作用，受害严重时，叶片枯萎脱落。花蕾受侵染后不能开放，或成花畸形，影响植株的生长和观赏价值。

不通风、光线条件差的环境特别容易诱发白粉病，白粉病可用巴斯夫的"健攻"治理，用"英腾"预防。

（2）红蜘蛛

红蜘蛛个体很小，成虫体长不到 1 mm，呈圆形或卵形，为橘黄色或红褐色。红蜘蛛体小不易被发现，一旦发现其为害时，往往花卉受害已是比较重了。这种虫子为害方式是以口器刺入叶片内吮吸汁液，使叶绿素受到破坏，叶片出现灰黄点或斑块，变成橘黄色脱落，甚至落光。

此虫喜欢高温干燥环境，因此，在高温干旱的气候条件下，繁殖迅速，为害严重。虫子多群集于花卉叶片背面，吐丝结网为害。红蜘蛛的传播蔓延除靠自身爬行外，风、雨水及操作携带是重要途径。

防治红蜘蛛为害，平时应注意观察，发现叶片颜色异常时，应仔细检查叶背。个别叶片受害时，可摘除虫叶；较多叶片受害时，应及早喷药。常用的农药有克螨特、乐果、花虫净、速灭杀丁等。家庭养花可备花卉喷雾器，制备药液，随即喷洒。喷药要求均匀、周到，尤其要注意喷好叶背。喷药时，最好将盆花移到室外进行，若在室内喷药，切勿接近食物、用具。每次用毕，把多余的药液倒出，用清水把喷雾器洗净。

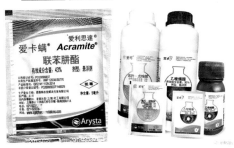

（3）小黑飞

小黑飞，学名叫尖眼菌蚊。喜欢潮湿温暖的土壤环境，幼虫喜欢取食土壤内的腐殖质，也会残害植株的根茎，使其出现伤口感染病菌，从而危害植株健康。

尽量保持环境的良好通风，在不通风的温热环境中，小黑飞的繁殖能力特别强。

小黑飞成虫飞行能力偏弱，通过喷洒阿维菌素等药物能有效灭杀。药剂对卵作用不大，幼虫早期以土壤内真菌为食，后期啃噬植物根茎、叶片。虽然小黑飞个体太小，危害甚微，但是爆发小黑飞虫害的花盆内会留下一层如青苔般的真菌，感染酢浆草植株，造成酢浆草发育不良、瘦小病弱、黄叶增多、球根繁殖受阻等各种问题。

除了采取药物防治之外，还能通过物理手段对小黑飞进行预防和灭杀。在园艺上被广泛运用的粘虫板就是利用小黑飞喜欢黄色光波的习性达到控制群体数量的目的。采用蚊香驱赶的方式，对防治小黑飞也能起到一定作用。另外，可以在酢浆草播种发芽后，在土层表面覆盖一层铺面石，阻断土壤内腐殖质对小黑飞的吸引力。

（4）蚜虫

蚜虫以植物韧皮部筛管中的汁液为食。受蚜虫侵害的植物具有多种不同的症状，如生长率降低、叶斑、泛黄、发育不良、卷叶、产量降低、枯萎以及死亡。蚜虫对于汁液的摄取会导致植物缺乏活力，而其唾液对植物也有毒害作用。蚜虫能够在植物之间传播病毒，所分泌的蜜露覆盖于植物表面，有利于真菌的传播，而这些真菌又会对植物造成损害。

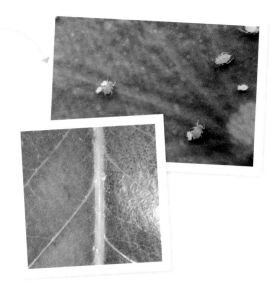

看到蚜虫爆发的情况，必须及时定期喷洒药物灭虫，吡虫啉、溴氰菊酯等药物均对植株起到良好保护的作用。施药时要做好自身保护，戴上口罩、手套等，防止药物对人体产生危害。

家里有小朋友的，可采用人工防治法：冬季清理枯枝残叶，减少越冬蚜虫卵；春季保持经常观察植物状态的良好习惯，及早发现并处理蚜虫。发现后，可用清水清洗叶片，冲刷停留在叶片上的蚜虫。也可以直接用手捏死蚜虫，蚜虫不咬人，但在捏爆蚜虫的过程中，会沾染上它们分泌的带有黏性的蜜露，要及时洗手。

（5）小结

防治红蜘蛛用的是爱卡螨、联苯肼酯、丁氟螨酯，防治小黑飞和蚜虫用的是吡虫啉、阿维菌素、多杀菌素，防治毛毛虫用除虫菊酯类、阿维菌素、苏云金杆菌。这些都是低毒或者降解快的农药，但要买有批准文号的。

第二章 魔法师花园里的植物……

四季分明
选择多

又湿又热
也不怕

它们都能
抗严寒

冬长夏短
要选好

　　植物是我们改造庭院的重要元素，也是庭院的主体。在植物搭配上，既要考虑植物的生长特性，又要顾及自己的喜好和能力范围。《晏子春秋·杂下之十》："婴闻之：橘生淮南则为橘，生于淮北则为枳，叶徒相似，其实味不同。所以然者何？水土异也。"所以，挑选植物时全面考虑是打造庭院的重要一步。

　　除此之外，还要考虑到植物的色彩搭配。由于空间的限制，颜色不宜过杂、布置不宜过满，应将中型乔木作为骨干，适当添加浅色调灌木花卉等加以修饰，营造出进深感。

　　在花卉选择上不仅要注意颜色的搭配，而且要注意不同花期的花卉品种互相搭配，做到全年皆有景可赏。

植物品种精选推荐

锦绣杜鹃

花期

2—4 月

习性

性喜温暖及凉爽的气候，也耐热。喜湿润的环境，对干旱的耐受性差，忌涝。宜栽植于排水良好的微酸性土壤。

锦绣杜鹃株型美观，枝繁叶茂；花朵呈漏斗状，花瓣色彩艳而不俗。盛花时节满目紫红色，喜悦之情油然而生，做花篱的景观效果很好。

红花银桦

花期

夏秋季，盛花期为 11 月至翌年 5 月

习性

阳性树种，能耐半阴。可耐干旱、贫瘠的土壤，适宜排水性良好、略酸性的土壤。适应性强，为提高开花量，应每年修剪 1 次。

红花银桦树形紧凑，花开满树，花色红艳，颇为壮观，集观花、观叶及观形于一身。其花期极长。

日本鸢尾

花期

3—4 月

习性

耐阴，耐旱，喜温暖环境。

日本鸢尾姿态优雅，花色清新，适用于庭院美化，或者做盆栽、切花，亦可栽于花坛或林中作为地被植物。

桂花

花期

不同品种花期各异，9—10月为盛花期

习性

为温带树种。喜中性偏阴的生长环境。喜温暖、湿润的气候，耐高温而不耐寒。对土壤要求较高，适宜生长在疏松、肥沃、排水良好的砂质土壤，积水、盐碱地均不适宜栽培。

女贞

花期

6—7 月

习性

喜光照，稍耐阴。喜温暖、湿润气候，有一定耐寒性。在肥沃、排水性好的微酸性土壤生长迅速。

为温带地区常绿阔叶树。夏季满树白花。耐修剪，通常用作绿篱。也常在园林、绿地丛植。

龙爪槐

花期

初夏开花

习性

喜光，稍耐阴。能适应干冷气候。喜生于土层深厚、湿润、肥沃、排水良好的砂质土壤。

龙爪槐观赏价值很高，小枝柔软下垂，树冠如伞，枝条盘曲如龙。老树奇特苍古，姿态优美，深受人们喜爱。自古以来，多对称栽植于庙宇、会堂等建筑物两侧，以点缀庭院。现常作为门庭及道旁树，或置于草坪中作为观赏树。

南天竹

花期

　　5—7 月

习性

　　喜弱光，忌烈日直射，较耐荫蔽，可长期置于室内栽培。较耐水湿，不耐干旱。

　　南天竹枝干挺拔如竹，羽叶舒展而秀美，秋冬时节转为红色，异常绚丽，穗状果序上红果累累，鲜艳夺目。宜地植于天井、庭院或建筑物附近，园林中常与山石、沿阶草、杜鹃等配植，也常片植。

菲白竹

花期

无

习性

忌烈日直射，宜半阴。喜温暖、湿润气候，较耐寒。好肥，喜肥沃、疏松、排水良好的砂质土壤，在石缝中也能生长。

菲白竹枝叶秀美，叶片有黄白相间条纹，甚为悦目。在庭院中可作为地被竹种植于屋旁墙隅，也可植为矮篱，点缀山石。筑台植之，可制作山石盆景。

墨西哥鼠尾草

花期

秋季

习性

为全日照植物，喜湿润环境，喜肥沃、疏松土质。

墨西哥鼠尾草花、叶俱美，开花旺盛，花期长，为优良的观赏草花，适于公园、庭院等路边、花坛栽培观赏，也可用于制作干花和切花。

凌霄

花期

7—9 月

习性

性喜阳光充足的环境。喜温暖的气候，稍耐高温，但对寒冷有较强的耐受性，生长适温为 14 ～ 28℃。

凌霄柔条纤蔓缠绕盘旋，喜欢依树攀架，附于他物节节升高，高可达数丈。凌霄是中国园林中历史悠久的传统花木，宜于庭院之中依附大树、石壁、墙垣栽植，也是装饰棚架、花廊、花门的好材料。

葱莲

花期

7—9 月

习性

喜阳光充足的环境，耐半阴。喜温暖、湿润的气候，有一定的耐寒性。要求疏松、肥沃、通透性强、湿润的砂质土壤。

葱莲叶片为肉质线形，花朵小巧别致，高低错落。景观效果主要以群体效应表现，是常见的花坛、花境、镶边材料和地被植物，也可做盆花。

花园时光 —— 阳台、露台、小庭院

筋骨草

花期

4—5 月

习性

喜阳光，若光照不足，则植株生长不良、叶色暗淡。性喜温暖、湿润气候，忌高温多湿，平地栽培需通风、凉爽越夏。喜肥沃、腐殖质多、排水好的土壤。

筋骨草应用广，栽培管理容易，是地被及花坛应用的好材料。由于其丰富的叶色，在平地或坡地做地被植物，既可保持水土，又可美化环境。可在庭院小径两侧列植、丛植，观赏效果均佳。可做花坛镶边，也可做草地边缘或林缘地被。

深山含笑

花期

3—5 月

习性

为速生常绿树种。喜光，喜温暖、湿润环境，有一定耐寒能力。喜土层深厚、疏松、肥沃而湿润的酸性砂质土壤。

树形端庄，花大而洁白，适应性强，是色香兼备且适于南方引种栽培的优良木本花卉，宜用作庭荫树，景观效果好。

花园赏析

Adam's Hanging Garden
〔亚当的空中花园〕

设计单位	花园面积	项目地点
ChloMato	45 m² 露台 +7.5 m² 阳台	江苏

主要植物配置

黄水仙　　铃兰　　朱顶红　　大花葱　　木香

旱金莲　　彩椒　　月季　　樱桃萝卜

露台花园最美妙的一点便是通过自己的努力把光秃秃的水泥地面变成一片绿洲。能够足不出户就踏上一片沟通自然的绿地，是花园主人多年以来的梦想。虽然每个人对生活的理解不同，但是花园主人的不同朋友来到家里时，最青睐的都是这个小园。

这是一座在顶层洋房露台的基础上改建的小花园，分为三部分：高花坛组成的休闲区、阶梯式花坛和吧台组成的工作区，以及一块 5 m² 的小菜园试验地。

花园设计

　　花园主人希望在尽可能多种花草的前提下留些运动空间，因此花园内最终采用了整铺木质地板与高花坛搭配的结构。

　　木地板用的是印尼菠萝格防腐木地板，材质硬，风吹雨打也不会发生丝毫变形。由于用的是裸木地板，铺设好后为了具有更好的使用效果，用平板砂光机加粗砂纸打磨，再刷上户外木油进行防护。

花坛

　　做花坛的原因之一是考虑到普通的露台花园远离地表，土层很薄，植物根系长不好，容易受气温环境影响，炎热的夏季和寒冷的冬季都会降低植物的生存指数。而高花坛可以提供更多土壤，尽可能模拟地面状态，有利于植物根系的生长。

花坛卡座

　　做花坛的另一个原因是花园主人很喜欢花坛卡座这种设计。放上抱枕可以用于日常休闲，朋友聚会时可以用作户外餐桌的餐椅。平时也可以躺在卡座上，享受被植物包围的感觉。

对于户外的卡座和吧台在设计花坛时需要提前考虑好，施工时只需要根据画好的图纸、尺寸，买好原材料，请师傅来家里现场定做即可。为了日后有做旧的效果，刻意选择了普通防腐松木。防腐木没有涂颜色，和地板处理方法一样，也是打磨加刷木油。

用同样的方法还制作了一个花园吧台。

卧室阳台

除了大露台以外，卧室南面的小露台更像是阳台，当时没有像其他住户那样去封阳台，后来证明是非常明智的选择。现在每天早晨醒来看着窗外的花草和远山，仿佛是在度假一般。

这里用普通防腐松木把围墙包起来做装饰，没有做花坛，主要用盆栽来装点。

防水处理

露台本身已经做了防水层并贴好了瓷砖。但为了保险起见，花园主人又请工人加做了防水层并重新设计了花坛的内部结构。入住两年多了，没有发现任何异常问题。

综合考虑承重、排水、阻根，花园主人设计了一种底部架空的花坛。花坛里用水泥板和砖块垫高了一层，作为花坛下面的排水层。就像是一个抬高的空心层，多余的水不会滞留在花坛里，也能从一定程度上降低因防水失败而造成屋顶渗透的风险。这样的花坛既减轻了楼板的负担又避免了积水，还能起到阻根的作用。

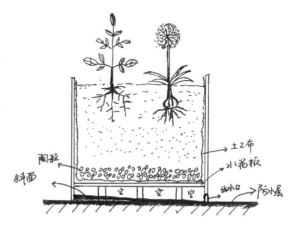

為了防止土壤流失，也為了防止雜質積到下水口，在墊高的水泥板上加鋪一層土工布，可以起到保存土壤、阻根的作用。在土工布上面鋪一層陶粒，有利於排水透氣，對植物生長也比較好。

花壇用輕質的空心磚砌成，外立面塗抹了水泥層，用白色戶外漆美化。

花壇用土

所用土壤是買的整包的進口土，非常乾淨，感覺比國內某些品牌的土更透氣、鬆軟。同樣的植物，使用這種進口土的根系生長狀況要比在國內某些品牌的土裡生長得好很多，根系也更發達。最重要的是，這種土很輕，不是泥的質感，很蓬鬆。

花壇承重

做露台花園尤其需要考慮屋頂的承重問題。我們居住的樓房一般都是採用鋼筋混凝土現澆屋面板。符合設計規範厚度與鋪筋密度的現澆屋面板，其屋面承重在 200 kg/m² 以上，具體需要諮詢房屋建築商。

花壇盡量不要設置在整個樓板的中央區，最好沿牆布置，這樣能夠保證花壇積滿水或者積上厚厚的雪時，其最大質量依然不會對房屋的結構造成不良影響。

即使是沿牆設置花壇，也應計算花壇所有介質的含水質量以及植物在五年內生長造成的質量增加。參考 Osmundson 和 Johnson & Newton 建築公司的數據，1 cm 厚的含水土每平方米質量在 20 kg 左右。由於我們的花壇佔地面積並不大，經過測算，每平方米質量只有不到 80 kg，加上介質和植物的最大質量，不會對房屋的結構造成破壞。

花坛施工

步骤 1

首先在原楼顶上重新找地平，确保没有积水点。

步骤 2

在做好的地平上做防水层。防水材料采用了 SBS 改性沥青膜。防水材料铺好后，再用水泥砂浆做一层保护层，在保护层上开始砌花坛。

步骤 3

花坛砌好后，在花坛内部建立坡度以确保花坛下面的所有积水可以顺利地流到预留的下水口。

步骤 4

将花坛的所有内壁和外立面再刷一遍柔性防水涂料，待涂料干后再涂刷多乐士外墙漆。

步骤 5

把砖头竖着放置在花坛的底部，并在上面铺一层水泥板。

步骤 6

在垫高的水泥板上加铺一层土工布，可以起到保存土壤、阻根的作用。

步骤 7

在土工布上面铺一层陶粒，有利于排水透气，对植物的生长也比较好。

步骤 8

最后开始填土。

同时可以请水电师傅在户外增设个水龙头，以方便浇水。

植物选择

要严格按照当地的气温范围来选择植物，不能在户外过冬或度夏的植物就不要考虑了，除非有阳光房或玻璃温室。需多查资料，多学习，千万不能听信别人口中的"耐寒""不怕晒"之类的话，一定要自己查资料，用数据说话。耐寒是耐到多少摄氏度，–5 ℃和 –15 ℃可是相差很大的。

露台常年风大，夏季日晒高温，冬季寒风凛冽。花坛没有大地的保凉保温效果好，要首先考虑抗性更好的植物。背阴区和向阳区也要有所区别，避免选择错误的植物。稍大型的木本、藤本植物一旦种下就基本不会移栽，要提前做好计划，想象今后几年它们会生长成什么样子，并加以引导和控制。

❶ 木本、藤本植物

装饰效果明显，可以帮助花园搭建基本框架，藤本植物还能修饰垂直空间。

❷ 常绿植物

在冬季也能维系花园的结构骨架。

❸ 多年生宿根植物

冬季地面部分枯萎，根系存活，来年春天发芽，可以给花园增加层次。

❹ 一年生植物

因为寿命短，所以花量大、长势快，可以每年更换品种和颜色，给花园营造不同的气氛。

❺ 球根植物

秋植球根可以在早春就率先给花园带来色彩，使花园提前步入春天；春植球根可以丰富夏季花卉种类。

❻ 蔬菜和香草

可以体验从种植到食用的生活乐趣，有小朋友的家庭可以增添亲子情趣。

植物品种目录

这座花园位于江苏北部，气温不算太热，也不至于太冷，是典型的温带季风气候。以下为花园植物清单，可供参考：

木本、藤本植物：藤本月季（龙沙宝石、冰山、达·芬奇等8种）、风车茉莉、凌霄、紫藤、铁线莲（紫罗兰之星、蓝天使、乌托邦等10种）、黄杨、灌木月季（真宙、金色珊瑚心等5种）、绣球（无尽夏等3种）、小叶女贞、直立冬青。

宿根植物：银叶菊、芍药、松果菊、黑心菊、观赏草（粉黛乱子草、亚马孙迷雾、蓝羊茅、红公鸡、针茅马尾）、肥皂草、钓钟柳、桔梗、耧斗菜、八宝景天、勿忘我、落新妇、金光菊、蜀葵、矾根、玉簪、鼠尾草、丛生福禄考、紫花地丁、鸢尾、月见草、石竹、穗花婆婆纳、朝雾草等。

一年生植物：每年品种会有所不同，如日日春、旱金莲、美女樱、非洲凤仙花、金盏花、黑眼苏珊、波斯菊等。

球根植物：秋植球根植物有郁金香、葡萄风信子、黄水仙、大花葱、铃兰等；春植球根植物有唐菖蒲、百合等。

　　香草类： 迷迭香、鼠尾草、薰衣草、百里香、莳萝、牛至、罗勒、洋甘菊、欧芹、酸模、琉璃苣、荆芥等。

　　蔬菜类： 各种类型的沙拉用生菜（进口种子有混合装）、番茄（推荐尝试圣马扎诺番茄，是意大利面专用番茄品种）、向日葵（食用品种）、豌豆、樱桃萝卜、彩椒、紫豆角、香菜、菠菜、土豆等。

　　多年生不耐寒植物： 蓝雪花、三角梅、天竺葵、大丽花、扶桑、金露花。这些多年生不耐寒的花草，属于对光照要求高的户外花卉，但要在室内过冬。它们用盆栽管理更方便，在春、秋、夏季，放在户外丰富花卉种类，到了冬季搬回室内阳光充足处。

增添户外情趣和功能的小物品

户外桌椅：是从宜家买的，可以折叠。使用方便，价格也便宜。

坐垫：是户外专用的，购于宜家，户外专用的好处是面料耐磨，即使风吹日晒也经久耐用，里面的填充物排水性强、速干。

灯饰：小串灯可以烘托节日气氛，办纪念日或节日聚会都可以用。这里用的是电池串灯，使用时不必受限于插座的位置。壁灯、太阳能小灯等造型好看，也可以增加情趣。

单杠： 在建造露台时，可提前规划好一片区域用来活动。单杠是用膨胀螺栓安装在梁上的，喜欢运动的住友不要错过。结合单杠，弹力带、吊环都可以用。由于是露天的，所以高度没有限制，使用起来非常好！

桌布、餐巾、抱枕： 日常家里用的就可以，下雨要收起来。桌布、餐巾可以聚会时用，配合串灯，轻松营造派对气氛。

自己种菜的乐趣

种植蔬菜最大的乐趣是可以食用，基本都是从播种开始。从埋下种子的那一刻起，小小的期盼也就埋在心里。那种感觉只有自己经历过才知道，没有什么珍馐比自己种植的食物更美味了。

翻土、播种、打顶、假植、定植、施肥、开花、结果、采收果实或种子、再次播种。这一过程就像是植物邀请你参与它的生命轮回一样，妙不可言。如果家里有小宝宝，这大概是最可爱的自然教育。

御珑宫廷花园 35 号

设计
单位

花园
面积

项目
地点

上海沙纳景观设计   200 m²   上海

主要植物配置

► 球状植物是女贞，花盆下面是矾根

樱花 ◄

► 绣球

► 蕨、苔藓与枫树

　　花园为半包围着建筑的一个 L 形空间，设计过程中通过多元素的搭配与周围环境融合，达到花园景观与法式建筑融为一体的效果，展现出花园现代、充满活力、多元化的一面。

　　首先根据建筑方位、采光、室内与室外空间的功能联系等各个要素来规划整个花园的功能流线排布。可以看到花园本身呈 L 形半包裹着建筑，位于东南方的花园转角部分可同时观赏花园两侧的景观，是花园最舒适的部分，于是将此处定为花园的休闲区域。

　　坐于此处休闲区域向花园的两面放眼望去，一面是位于建筑南面的花园入口景观：樱花与绣球分布于入口两侧，开花季节繁花似锦，粉白色系的柔软配色簇拥着进入园中的人们，使其卸下防备与压力，缓步走进这片藏于都市中的安静之所。再往里走，可欣赏到樱花旁给整个花园带来灵动活泼氛围的立面水景。水景旁的香草种植区紧邻休闲区域，阵阵芬芳牵动着人们的嗅觉神经。

　　在户外软装部分选用了暖色系的沙发作为整个花园的视觉焦点。温暖的红色系与后方刷红褐色漆的木栅栏形成颜色上的呼应，属于近似色配色。两者结合让整个休闲区的空间具有热闹而又生机勃勃的气氛，传递着激情与活力，非常适合三五好友在此品茗赏景，畅聊人生。

　　花园的四季中，当属樱花将落之时的景观最为动人，飘零的樱花花瓣与精妙的水景形成一场流动的盛宴。水与光、不同植物的叶片与柔软的花瓣，传递出不同的温度、质感、气味，给人不同的感受。昼夜轮回、四季变化，均可让园中的人体味到生活深刻而又简单的意蕴。

经过休闲区，便来到另一面的景观空间，此处空间比较狭窄，主要作为通道兼具观赏效果。中心花坛中种植着一些大大小小的修剪成球状的植物，活泼、俏皮、生动，打破了该狭长区域带来的压抑感。穿过球状组景进入侧院内部，不规则的碎石片镶嵌着苔藓，别有新意地传递出些许的禅意，将景观自然地引领过渡到了内部的禅意小景。禅意景观位于花园的东北部，由于建筑物的遮挡，光线较弱，正适合作为苔藓的生长区域。同时，对应的室内景观为厨房区域，以窗框将整个禅意之境入画，于厨房内向外望幽静而又耐人寻味，十分赏心悦目。

纵观整个花园，设计中详细地考虑了每一处的方位与整体布局，力求为花园的每一处角落找到适合的功能布局与景观意境，让花园中每一个元素都仿若自然生发般怡然自得。

九龙依云玫瑰园花园

设计单位	花园面积	项目地点
上海沙纳景观设计	800 m²	江苏

主要植物配置

▶ 月季

▶ 栀子

玉簪 ◀

鸢尾 ◀

绣球 ◀

▶ 黄杨

　　原先的花园整体风格较为老式，植物配植层次复杂，比较生硬，没有重点与美感，更没有起到烘托建筑的作用。于是，园主委托设计公司对整体花园进行改造，以使花园的功能流线、景观氛围通过改造得到更好的表达。

　　在整体设计规划伊始，用阶梯将一层花园与二层露台相连，让两块区域相互连接贯通，整体花园功能流线也将更加流畅。植物的搭配改造设计也是本次改造设计的重点。植物是花园的灵魂，优美的植物设计可以烘托或柔化建筑线条，让花园氛围自然而灵动。

　　入口中央的种植区是进入整个花园第一眼看到的景观，也是整个花园的一个标志景观。入口采用大大小小的球状绿篱与"棒棒糖"组合搭配，形成活泼俏皮的景观韵律，让人一进门就有好心情。同时，球状组景位于行走率极高的楼梯间落地玻璃前，每当建筑内部的人经过此处到达停车库，都可以观赏到这个俏皮活泼的画面，景观观赏率极高。

　　草坪边缘采用有缝隙的围墙设计，使得风可以从中穿过，对墙内的植物生长更加友好。同时进行有高差的韵律设计传达美感，在夕阳西下之时，光影透过围墙的缝隙在地面映出一幅美妙的光与影的画。楼梯与草坪相邻的一面采用高大直立乔木，三两成组穿插种植，对楼梯这个硬质构造做了柔化围挡，从室内望去，一派自然的绿意。另外，楼梯下方可做存储空间，收纳各种各样的花园工具、杂物：从割草机、园艺工具、肥料到小孩的各种玩具。此处收纳空间由于树林的围挡，完美掩映于丛林中，丝毫不显得突兀。于自然式种植的树林中上下楼

梯，仿佛在丛林中穿梭一般，是充满生态趣味的体验。除此之外，值得一提的是楼梯的台阶，在符合人体工学的基础上加入了宽窄不一的设计，行走的过程中更多了几分节奏的变化与乐趣。

缓步穿过台阶便来到了露台餐厅：植物种植池包围着一个操作台与一套素色餐桌椅组成的空中楼阁。这里是整个花园视野最广的区域，微风拂过，香草植物挑逗着人们的嗅觉神经，同时柔美的植物边缘为人们眺望远方提供了边际线，仿若一个柔美的画框。无论是晚霞将至还是夕阳西斜，无论是清晨的阳光还是雨后的烟雾，庭院与自然结合，成就无数美好回忆。

本次改造设计通过楼梯解决了花园因为山势上下不相通的问题。同时，通过精心设计的植物搭配修饰、柔化每一处的硬质构造，寻求人、植物与建筑的平衡。本次改造对整个空间做出合理的功能与流线规划，让每一处空间都物尽其用、发挥所长。

糯米花园

设计师	花园面积	项目地点
狗子猪	100 m²	江苏

主要植物配置

▶ 千年木

▶ 月季

▶ 银叶菊

唐菖蒲 ◀

大花飞燕草 ◀

▶ 百合

▶ 铁线莲

▶ 蓝羊茅

龙舌兰 ◀

因为园主狗子猪的女儿叫糯米，所以这个露台叫糯米花园。糯米花园总面积约100 m²，被合理地划分为几个区域：种植区、观赏区、菜园、休闲区、餐区。具体面积分配约为：80 m²的主露台、5 m²的铁线莲专区和15 m²的月季专区。

切花花园围合在露台的四周，花坛宽度只有20 cm，完全种不了冠幅大的植物，所以只能种直立性株型的球根和切花花卉，如百合、唐菖蒲、鸢尾、大花飞燕草、毛地黄之类的，实践后发现的确很好。大家可以考虑留一块不在视线中心的区域专做切花花园。

　　窄边组合花境面临同样的尴尬，中心区域的花坛只有 20 cm 宽，什么都种不了，在中心区做切花种植又可惜了，所以尝试着做了一些小品种的组合花境，如蓝羊茅、银叶菊、金叶薯、蕨类、玉簪、矾根和一些垂吊品种组合，尽量用丰富的色彩搭配来凸显效果。

　　砂生花境这个区域以盆栽的各种热带植物为主，龙舌兰、千年木、仙人棍、万年麻，配以松柏类，组成了露台的主景观，也奠定了其主基调。这些植物只要入室过冬，存活率很高。

很难相信，一个说自己不爱花的人竟然种了 100 多棵月季、70 多种铁线莲、40 多棵绣球，草花球根不计其数（很幸运地获得了虹越铁线莲比美大赛冠军）。

花园最重要的功能是让人放松身心和解压，把一些白绿色系植物花卉作为主景，把鲜艳色系植物花卉作为远景，可以在视觉上扩大庭院并且解压。花园的治愈作用也非常明显，非工作时间可以全心投入在这里，忘记信用卡账单和江湖恩怨。

花盆以水泥盆、红陶盆和黑色塑料盆为主，尽量避免使用千篇一律的环球加仑盆，黑色、低调不抢镜为首选。

晾衣绳到晚上可用来架设霓虹灯。

花园里不仅有花，更有其他植物；花园不仅美丽，还很酷；花园不仅是园艺，更是生活；花园里不仅有梦，更有朋友。

同乐园里的童乐园

设计单位	花园面积	项目地点
上海苑筑景观设计有限公司	125m²	上海

主要植物配置

亮晶女贞

日本紫薇

百子莲

穗花牡荆

紫薇

绣球

　　花园女主人希望从园门到家门的石板路两边有美丽的花境，庭院能四季季相变换，方便维护管理。每天回家都有花草相迎，即使忙碌也会觉得特别幸福和满足，这是女主人对未来花园的一个小憧憬。男主人则希望设计改造后的花园能有大的改观和变化，将现有荒废的园子好好利用起来。综合两者的意见和庭院现状，设计师设计并打造了这个同乐园里的童乐园。

花园入口

　　花园入户门由原来容易变形、不好打开的小木门换成了黑色的树形雕花金属门，更便捷耐用，也使花园多了几分精致与优雅。推开门后，踏上一条自然蜿蜒的碎石园路，周边是女主人想要的花境植物群落，自然生机相伴左右，每天出门和回家都感受着家和植物带来的温馨和幸福。

入户平台

入户平台前增设台阶，既延伸了入户空间，又增加了仪式感。对原来的隔断进行了改造，白色拱门提亮了整个空间。在石板汀步旁，种植了一些多年生、层次错落的花境植物。花园的特色植物有：日本紫薇、绣球、穗花牡荆、百子莲、亮晶女贞、紫薇等。

休闲区

    休闲区域的木平台是全家人的主要活动空间，这里有儿童乐园（"童话屋"滑梯、沙坑、小黑板）、户外桌椅、聚餐烧烤区、木网格屏风等。一家人可以在这里尽情地享受庭园生活。

    儿童乐园主要有"童话屋"、滑梯、沙坑和小黑板。多功能"童话屋"是集工具收纳与儿童游乐于一体的装饰屋，是孩子们在户外的心灵领地，是他们梦想中的小城堡，同时结合了沙坑、小黑板、跳房子等游戏空间，是他们最喜欢的场所。

　　"童话屋"的一侧可以通过爬梯进入，滑滑梯下来，考虑到安全性，滑梯下方设置了沙坑，使得儿童乐园更加丰富，户外氛围更棒。同时，细心的设计师为了避免沙坑变成小区动物的便池，为沙坑加了盖板，使其成为一块平地，小朋友不玩沙时还可在小黑板上涂鸦，可谓是一举三得。

花园小细节

花园中的许多温馨之处与童趣都展现在细节中，如落在格栅上的七星瓢虫、挂在木屋上的小风铃、躲在草丛中的玩偶等布置，无一不体现着设计师的用心与童心。

希望这座花园能在未来陪伴小宝贝们从蹒跚学步、咿呀学语到探索自然，成为童年时期最美好的游戏探索空间。

奇奇和多多的花园

设计师	花园面积	项目地点
奇奇麻	150m²	福建

主要植物配置

▶ 五星花

▶ 姬小菊

六倍利 ◀

月季 ◀

▶ 杜鹃

▶ 黄金菊

花园主人有两只爱犬叫奇奇和多多。为了便于狗儿奔跑和嬉戏，园主把总面积约 150 ㎡ 的花园做了大面积的硬化，并在花园里摆放了一些动物小摆件，营造出乡村田园氛围，将花园打造成了自然、富有情趣的小庭院。

休闲区

花园休闲区内布置了一套蓝色的木桌椅，可以悠闲地坐在这里欣赏花园四季的变化。客人来访时，还能在这里举办一场户外聚会。

透过桌椅上斑驳的蓝色，仿佛可以看到上面流淌的旧时光，给花园更添一种岁月静好的感觉。

亲水平台

　　临水搭建的木平台是狗儿喜欢待的地方，可以慵懒地晒太阳，也可以逗逗水中的鱼儿。

　　大白鹅、绣球、小桥、平静的水面以及水中的鱼儿，给人以静中有动、动中有静的画面感。

　　水池边可爱的青蛙王子为紫色马缨丹、黄色玛格丽特菊、五星花构成的景致增添了几分童话色彩。

动物摆件

　　大门口放置了一只火烈鸟雕塑，每天都在热情地迎接来访花园的客人。

　　花园里"鸡鸭鹅"随处可见，仿佛置身田园。一层层的台阶引导着人的视线伸向远方，给人以纵深感，大有"阡陌交通，鸡犬相闻"的感觉。

分布着微型月季、棕竹、杜鹃和鸢尾的角落，有数不尽的美好。盛开的杜鹃给花园扮上了彩妆，"鸭鹅们"惬意地在草地上嬉戏。

花丛中隐藏的瓢虫、小鸟、蜗牛等摆件，处处给人惊喜。

废旧物品改造

花园里有各种利用废旧物品制作的小物件，如破花盆、破椅子、修剪下来的藤条，都在主人的巧手下焕发出新颜。

把破花盆的碎片错位放置，重新种上多肉植物，观赏面更广，更有层次，比原花盆更好看了。

将修剪下来的藤条加上干花，做成花环，配上小饰品，再用水苔种上吊兰和洋兰，十分赏心悦目。

椅子坏了之后，稍做缝补，添土种上多肉植物，一张灵动的椅子就出现了！虽然不能坐，但为花园增色不少。

酥酥的永无乡花园

设计师 · · · · · · 花园面积 · · · · · · 项目地点

也酥酥   40 m²   上海

主要植物配置

▶ 星影

▶ 百合

▶ 雏菊

▶ 美人蕉

▶ 绣球

▶ 柠檬

　　有花园陪伴的日子让心情只在平静与喜悦两种模式中切换，像极了《小飞侠》里那个虚幻的梦境世界，在这里，人们永远长不大，无忧无虑，远离纷扰。小花园便是酥酥心里的永无乡（Never Land）。

漫漫造园路

花园主人酥酥以前浇死过仙人球、养死过常春藤，那时候的她从未想象过有一天会对园艺如此着迷，更没有想过自己能拥有一个如此美丽的花园。

2015 年，酥酥如愿以偿地拥有了一个院子，院子虽小，却足够当时的酥酥养花弄草。那时候，能把植物养活已经让她心满意足了，直到在微信里和微博上看到那么多前辈的美丽花园后，她才萌发了打造一个美美的花园的念头。

燃烧的激情一发不可收拾，酥酥一方面不停地种种种，一方面在花友群里学习基础知识。朋友笑她三分钟热度，好在她对园艺的这份热情一分没减，反而愈发浓厚，后来终于拥有了现在的花园。

花园中的饰品

花园里除了植物外，还需要一些饰品使花园变得更加丰富。酥酥的花园里也放置了不少精致的饰品，而这些饰品有很多是她亲手做的，因此花园散发着独特的魅力。

捡回来的自行车重新刷上黄色油漆后，放在花园里成了一道美丽的风景线。黄色的自行车与绿色的植物相得益彰，沉静的角落便有了动感。

邮箱本身就是一个很好的装饰品，随着时光流逝，变得非常残旧。重新刷漆后，又恢复了美丽，继续装点花园的同时，还给人增添了有趣的回忆。

用枯树枝和线做成一个又一个"蜘蛛网"，挂在树枝上，树下就变得有趣起来了。

在树上挂一些小风灯，在花丛中添置一个蜻蜓铃铛，植物瞬间拥有了故事性，为花园增添了不少趣味。

花园生活

　　拥有花园后，酥酥每一个早晨都会早早起床，只为能在院子里多待片刻，剪剪花，拔拔草，浇浇水，再扫会儿地，时间就这么过去了，即使周末大部分的时间都花在院子里也总觉得不够用。

　　兴起的时候，赖在院子里做一上午手工，自娱自乐地做些自己喜欢的事，酥酥觉得在这里的每一分每一秒都无比美好。在自己做的水泥小花盆里种上多肉植物，感觉多肉植物变得更加可爱。

花园最灿烂的日子

当夏天的炎热步步逼近时，绣球花正值盛放期，这是花园最灿烂的一段时间。每天回家推开大门，迎接花园女主人酥酥的便是寓意着希望、幸福和圆满的朵朵花球。

在花园最灿烂的这几天里，酥酥每天早晨起床后第一件事就是提着篮子去剪花，绣球与竹子编成的篮子有一种和谐的美。

园艺的魅力

　　植物能让人深刻地感知四季，感知生命的轮回。酥酥说，刚开始会急切地想要看到成果，如今却异常享受养园的过程，等待虽漫长却更能感受到植物带来的惊喜。小苗慢慢长成大苗，变成成株，成就感不言而喻。

　　酥酥说，她很庆幸在她还年轻的时候就爱上了园艺，不用像以前一样无所事事地追着肥皂剧虚度光阴，有植物相伴的日子更加充实和丰盈。园艺的神奇之处在于，爱上了那便是一辈子的事。

就像彼得·潘会带着小孩子们去他生活的永无乡，度过一段无忧无虑的日子，但孩子们还是会选择回到现实世界，成为一个大人。彼得·潘对长大后的温迪说，还是会带温迪的女儿简去永无乡，之后还会带简的孩子去。酥酥的花园也和永无乡一样，不管外面的世界怎么样，总有一处地方能让人回归童真，这也是园艺的魅力所在。

希塔的空中小院

设计师	花园面积	项目地点
吴希塔	10 m²	江苏

主要植物配置

▶ 千叶吊兰

▶ 晚霞之舞

紫弦月 ◀

胧月 ◀

▶ 莲花掌

▶ 迷迭香

希塔家的阳台面积约为 $10m^2$，位于公寓顶层，为南向阳台，阳光充沛，兼具种植与晾晒功能。阳台大致分为两个区域，一个以东面的铁艺圆桌为中心，另一个以西面的铁艺长椅为中心，闲暇时可以在这两个区域休憩。

整体基调

阳台以白色为基调。其墙壁、木梯及部分阳台饰物统皆为白色，配以铁艺桌椅和藤蔓植物——夏洛特玫瑰、花叶绿萝、三角梅、蓝雪花、铁线莲、常春藤，形成了非常浪漫的空间效果。在有阳光的日子，整个阳台明亮清新，让人心情大好。

空中植物

希塔家的阳台位于顶层，阳光充沛，非常适合多肉植物的生长。多肉植物与其他观叶植物组成了阳台植株的多样性。已经种植多年的多肉老桩，形态各异，观赏效果非常好。

在饰物和盆器的材质选择上也相当丰富，实木、铁艺、红陶、青瓦、玻璃、马口铁等材质都有，繁多却不纷乱，在视觉的统一上把握得很出色，极富生活气息。

这座阳台花园是半开放的，除非有恶劣的灾害天气，否则窗户是不会关闭的。大多数植物需要尽量保持空气流通，即便这样，偶尔还是会有病虫害发生。阳台的主人希塔说："养植物的过程，就是与病虫害斗争的过程，观察和预防是养好植物的关键。"最初养植物的时候，可以选择病虫害较少的植物品种，从简单的植物开始，慢慢摸索植物种植的道路。

生活痕迹

希塔说："阳台上很多物件都是装修留下的（比如两只木梯），加以改造，就成了现在的样子。我并不刻意去购置一些阳台饰物，总会留意身边还有些什么，尽量运用有着自己生活痕迹的物品。如果购买则一定是必要的，能有出色的效果的。"

厨房使用的搪瓷滤盆、马克杯、空的罐子等都可作为花园杂货器具使用，往往会有很多意外的惊喜。

阳台在规划时设计了水池，这样不仅浇灌便捷而且使洒扫更简单，同时也考虑了基本的晾晒功能。阳台的铁艺长椅是三人位的，需要时可将中间放平，晾晒被单。

浪漫夜景

　　希塔在阳台准备了很多烛台、风灯,夜幕降临时渐次亮起,烛光掩映,灯火阑珊,呈现出截然不同于白天的另一种浪漫氛围。

二、又湿又热也不怕

植物品种精选推荐

幌伞枫

花期

3—4 月

习性

喜光和湿润的气候，颇耐阴，不耐寒，不耐干旱。在深厚、肥沃的酸性或中性土壤中生长良好。为深根性树种，速生，萌发力较强。

树干通直，树影婆娑，具有野趣，树冠呈圆形，状如张伞，颇为美观。适于孤植或群植为庭院风景树。

黄槐

花期

全年均可开花，5—6 月及 9—11 月为盛花期

习性

耐半阴，日照需充足。性喜高温，耐旱。对土壤要求不严苛，抗风力弱。

黄槐枝叶茂密，树姿美观，几乎常年开花，花色金黄灿烂，花团锦簇，被热带地区广泛栽培为行道树或庭院树，也是理想的速生美化树。

串钱柳

花期

春夏开花

习性

喜光，耐阴，有一定的耐湿能力。对土壤要求不高，肥料需求中等。

串钱柳每年 3 月进入开花期，每棵树上绽放数十朵红色花。其细枝倒垂，花形奇特，适合做行道树、园景树。尤适于水池斜植，甚为美观。

刺桐

花期

2—3 月

习性

适应性强，喜强光照，要求高温、湿润环境和排水良好的肥沃砂质土壤。耐热、耐旱，耐修剪。

刺桐树身挺拔，枝叶茂盛，花色鲜红，适合单植于草地或建筑物旁。

棕榈

花期

4—5 月

习性

喜光又耐阴。性喜温暖、湿润的环境，生长适温为 20~30 ℃，土壤以土质肥沃、排水良好的有机土壤为佳。

棕榈树干挺直，叶如大扇，树冠似伞，亭亭玉立，适宜做行道树或庭院点缀。可以孤植，也可以丛植。由于植株体量偏小，一般 3~5 株丛植。间距较小的列植效果也较好。

山茶

花期

头年 10 月至翌年 4 月

习性

喜温暖和半阴环境。怕高温，忌烈日，生长适温为 18~25 ℃，适宜水分充足、空气湿润的环境，忌干燥。露地栽培，盆栽土宜用肥沃疏松、微酸性的土壤或腐叶土。

山茶树冠优美，叶色亮绿，花大色艳，花期又长，且正逢元旦、春节期间开花，以盆栽点缀客厅、书房或阳台，可营造典雅豪华的气氛。若在庭院中配植，与花墙、亭前山石相伴，景色也自然宜人。

黄花鸢尾

花期

5—6 月

习性

喜温暖、湿润和阳光充足的环境，稍耐阴。较耐寒，怕干旱，可以露地越冬。

黄花鸢尾株型较大，植株挺拔，花大色艳，是配置庭园水景的优秀材料。在小型水体孤植、丛植或在大型水体片植景观效果均好。

紫蝉

花期

春末至秋季

习性

喜光，耐阴，可植于林缘。为热带植物，性喜高温。土壤以排水良好、有机质丰富的壤土或沙土为好。

紫蝉植株枝条细长、披散，花大而色艳，由于紫色在园林中较为稀少，故而珍贵。适合成丛配置于林缘、假山，也可成列配置形成围篱。由于枝条蔓延性较强，做花架效果也很好。

水罂粟

花期

6—9 月

习性

生活于池沼、湖泊、塘溪中。喜日光充足的环境。喜温暖，不耐寒。

水罂粟适应性强，随遇而安，叶片青翠，花朵黄艳，能够给观赏者留下十分深刻的印象。适合露地栽培，为池塘边缘浅水处的装饰材料，亦可进行盆栽，作为庭院水体绿化植物，既可点缀小的水体，又可大面积配置。

使君子

花期

全年开花

习性

喜阳光充足的环境。喜温暖、湿润，怕霜冻的侵袭。喜湿润的土壤条件，对干旱的耐受能力不强，喜保水能力强、肥沃、微酸性的土壤。

使君子可用于庭院、私家花园等处的花架、篱栏、绿篱的美化，亦可用于家居、办公环境的阳台或窗台的装饰。

花园赏析

兰奕的花园

设计师	花园面积	项目地点
兰奕	25 m²	四川

主要植物配置

▶ 水仙

▶ 铁筷子

绣球 ◀

月季 ◀

铁线莲 ◀

▶ 郁金香

  这座花园的主人兰奕是一位从事婚纱设计已十年的婚纱设计师，需要设计灵感时，她就会到花园漫步，往往有意想不到的收获。这座花园便是她的灵感之源。

  花园由两个分开的露台组成，从设计到建造再到植物搭配，整个过程花园主人都亲自参与，将自己心中的花园慢慢地建造了出来。

创造地栽环境

露台起初是个带栏杆的空白露台，兰奕希望自己的露台花园看起来像真正的地面花园，植物看起来像地栽，所以需要创造一个地栽的环境。

兰奕把花园种植深度确定为 60 cm，将露台的原栏杆拆了，砌了一道高 65~70 cm 的小矮墙。为了防止积水，用河沙和水泥在地面做出 5°~6° 的坡度，便于花园中的水排向坡底的下水口。

　　露台终究不是地面，容易造成漏水，所以在种植前需给花园的每个立面做好户外防水层。这一步最好找专业的公司做，一劳永逸。

　　按事先设计好的花池形状砌出花池，因种植深度为 60 cm，所以花池砌 65 cm 深，防止植物介质外溅。在花池的池底铺上排水板，然后铺上土工布，既透水又防止土漏下去。最后填充用泥炭和珍珠岩混合均匀的种植介质。露台和屋顶最好用这种轻的介质，没虫卵，透气、排水。铺上透水砖，安好栏杆，填上土，地栽的环境就创造好了。

花园搭配

在选择植物时，花园主人充分考虑了色彩搭配以及花开的时间，不希望出现某个时间段无花可赏和视觉杂乱的情况。

露台花园以持续开花的月季为主，搭配一些松柏类的针叶植物和草花，保证一年四季有花可看、有景可赏。针叶植物天然呈几何形，具有很高的观赏性，也为花园带来有序的空间感。

兰奕一直都刻意保持花园的色彩搭配方式，喜欢柔和、单纯、不张扬的风格，以粉色、蓝色、白色、绿色为主，间有橙色和黄色。刚种花时，她总想着铺满花园，后来慢慢学会了做减法，在种植前分析植物的属性和长势，对于太有侵略性的植物，就会选择盆栽。

花园劳作

雨后的露台渗出浓浓的绿意，因为面积小，所以在尽头用了带门的拱门，希望在视线上有所延伸，想象着拱门后面是一座更大的花园。

花园经过 3 年的调整，从繁茂无章到做减法，再到生机勃勃。不断地变化让花园的新鲜感十足，每年都有新的期待和美梦。

兰奕经常被人问起哺乳期怎么给爱生病的月季打药。打药当然要做好保护措施，像右图这样，虽然夸张了点，但图个心安。

享受花园生活

　　沉醉在园艺的乐趣里，心都平静了，可以静静蹲上半小时，观察每一片叶子。有时候，兰奕会和朋友在这里喝下午茶，觉得生活十分美好。这样的时光非常珍贵，毕竟很多时候在这里并不是享受，而是劳作。

　　露台是兰奕一家的乐园，是孩子的乐园，也是小动物的乐园。每天看看花开就算是一种治愈吧。多头的费加罗夫人是兰奕的最爱，直接剪下就是一束新娘手捧花。

露台上各种蜂类嗡嗡作响，热闹得很。希望这面莫里斯小花墙能变成大花墙，一串串花垂下来，自然别致，好似含羞、娇美的少女。

铁线莲是花园的调剂品，悄然盛开，又悄然凋零。

兰奕喜欢淘一些和露台质感比较搭的花园杂货，比如栩栩如生的兔子，以及遍布各个角落的小天使。

　　兰奕的儿子很早学会说的话就有花和鸟，也算是耳濡目染吧。希望自然和园艺以后也能带给他内心的安宁。

花园的四季

冬天和初春,感谢有水仙、郁金香和葡萄风信子等球根植物来填补空白,灿烂的色彩让人心情也好起来。

春天,枫树开花了,叶子长出来,红红澄澄的,很可爱。枫叶随着季节的变化而变化,不会让人觉得乏味。春天的花园,月季是主角,娇媚多姿,人见人爱。

入夏,月季又开始逐渐复花了,花园的主角变成了绣球花。花园主人偏爱蓝色的花,比如蓝雪花,在夏天看起来特别清凉。

花园时光 —— 阳台、露台、小庭院

深秋，原生铁线莲开花了。让人想起一句诗：你是一树一树的花开，你是燕在梁间呢喃。

枫树的叶子快掉光时，意味着冬天来临了。铁筷子开着可爱的花，打破了花园的寂寥。

明年，期待花拱门开满鲜花。每年都有新的惊喜，也有一些遗憾，这正是园艺的魅力所在，在等待和期许中，时间悄然流逝。花园主人说也许有一天不再做婚纱设计，却无法停止对园艺的热爱。

君爱夏花园

设计师	花园面积	项目地点
君爱夏	3m²	四川

主要植物配置

▶ 银蒿　　▶ 菖蒲　　▶ 芋　　绣球 ◀

紫斑风铃草 ◀　　矮牵牛　　▶ 大滨菊

我是四川电影电视学院的一名学生，一个标准的00后。因为喜欢夏天，所以给花园取名为"君爱夏"。"君"是我，爱夏天植物的坚韧，爱夏天为植物挥洒汗水的自己，爱夏天每一个难忘的经历。

我对植物的喜爱源于12岁那年，爸爸给我带回一株杜鹃花，当时我就感觉自己对植物一见钟情了。还记得外公在的时候，小院子外，有舅舅小时候种下的栀子。每到夏天，我就会摘下几朵栀子花，这也成为儿时美好的回忆。

　　我喜欢清新的风格，所以花园的植物配置以浅色系为主。记得 2018 年 9 月来到这里的时候，阳台还是红砖白地，而现在已经郁郁葱葱。炎炎的夏季是很多人不喜欢的季节，我的阳台却有别具一格的清新。坐在阳台上，繁重的学业仿佛也轻松了很多。

麻雀虽小，五脏俱全。阳台上植物也算丰富，绣球、天竺葵、尤加利、大滨菊、百万小铃、朱顶红、南非小球根、花叶凌霄、印尼小昙花、铁线莲、重瓣大戟、高山石竹，还有一些香草植物、几十株多肉植物等。一年四季都有植物为我展开笑脸。夏日的绿，在天地间挥毫泼墨，在蓝天白云下，描绘着一幅幅多彩多姿的画卷。

我喜欢植物，喜欢一年四季有不同的宝贝为自己绽开笑脸。园艺让我享受生活，让我变得沉稳，让我认识了很多叔叔、阿姨、哥哥、姐姐，让我成长，也让我懂得了更多的人生道理。

西瓜皮花园

设计师 .... 花园面积 .... 项目地点

董先生夫妇   350 m²   江西

主要植物配置

▶ 松果菊

▶ 夹竹桃

▶ 荷花

郁金香 ◀

绣球 ◀

月季 ◀

　　这座花园名为"西瓜皮"。花园主人在没有经验、没有设计师指点、没有专业的材料购买渠道、没有施工队伍的情况下，靠着自己一路摸索，构筑花园。整个筑园过程如同脚踩西瓜皮一般，有趣并且惊险，所以园主把这座花园命名为"西瓜皮花园"。

造园前期准备

由于没有造园经验，园主在动手前花了 3 个月时间在网络上看视频学习造园，借鉴别人的造园经验。BBC 的《园艺世界》《世界八十园林》《法国花园》《小花园大梦想》《大不列颠园艺复兴》都是园主的学习材料。

园主将网络上看到的漂亮的 DIY 花园进行分类，找出优缺点，避免出现同样的错误。同时记录下设计亮点作为参考。

花园设计思路

　　园主想打造一个乡村复古风花园。前院迎宾，简洁对称，有仪式感；侧院生活休闲，自然柔和，氛围宁静；后院观赏，开花植物繁花似锦。整个游园氛围从庄重到放松到繁华，结构上有层次，注意比例、大小尺寸和留白。

135

前院有进深不足、下沉庭院突兀、进出入户门路径曲折、排水不良等问题。改进方式是推倒围墙，建半开放式铝艺围栏，拆除下沉庭院矮围墙，推倒入户门前的台阶，开挖排水暗沟。利用工整对称的地面铺装与建筑风格相呼应。

后院的情况与前院类似，但后院阳光充足，对开花植物来说是洞天福地，适合营造繁花似锦的氛围。

大量铺设常见的旧石板路会有阴森的感觉，采用钢琴琴键造型的铺装，活泼而有节奏感。

　　小桥用酸洗改色做旧成米黄色，与建筑物颜色相协调。

　　叠水和暗沟用同类型石板，铺用整板，围边把整板砸碎，打造乡村复古风。

喷灌系统

花园中有一套喷灌系统，平时园主会用它浇水和施肥。完成 350 m² 花园的浇水施肥工作，大概需要 30 分钟，这套系统虽然达不到对全部植物进行精确施肥的效果，但能满足植物生长的基本需要。

喷灌系统由水缸、水泵、过滤器、喷灌套装和 EC 值测量仪等部分组成。将水缸、水泵、过滤器和喷灌套装连接起来，如果需要施肥，在水缸中将液体肥按自己的需要配好浓度后，用 EC 值测量仪进行肥料浓度的确认，确定后就可以连接电源进行喷灌了。园主一般选用的水肥配比是一缸水 400 L 添加液体肥花多多 400 g。

生态池塘

花园原本是没有池塘的，园主请专业人士用挖掘机挖了一个阶梯式加深的池塘，最深处水深为 45 cm。

池塘挖好后，需要在边缘加设不锈钢挡土墙，然后铺上防刺水工布。防刺水工布最好选用一张完整、无拼接的。如果没有防刺水工布，也可以把地面拍平打实，然后铺上 10 cm 厚的细沙。铺上防水膜后，用石板压边，往池塘里放水，试水几天，确定水位平整、没有漏水后，就可以在池塘底铺小石子了。注意：不要急着铺小石子，要等水位完全调整平了、土压实了、没有任何漏的地方再铺。过程中需要准备补漏胶带，万一渗漏要马上补救。

池塘中种植了苦草、伊乐藻、黑轮藻、狐尾藻和鹿角铁等植物。水面上种植了睡莲、荷花、鸢尾、菖蒲、旱伞、美人蕉、再力花、灯芯草、木贼、滴水观音和芦苇等植物。

水下水草直接种在小石子上，其他植物种在种植篮里放到水下，根系会慢慢从篮子里长出来。池塘可以养草金鱼、虾、田螺、鲫鱼等各种各样的小鱼小虾，要注意的是，池塘比较小，尽量不要养会长到15 cm 以上的鱼。

禅茶一心

设计
单位

花园
面积

项目
地点

成都艺境花仙子景观
工程有限公司

150 m²

云南

主要植物配置

▶ 五角枫

▶ 小琴丝竹

山茶 ◀

波斯菊 ◀

灰莉 ◀

▶ 苔藓

　　安驿客栈为四合院式建筑，主体景观部分为狭长的中庭区。景观设计时，对原有建筑进行了大量的改建，以增加房间的视觉空间和使用空间，延伸观景休闲平台，加强建筑与景观的融合和联系，让建筑、景观融为一体，让旅客在客栈度过慵懒、舒适的时光，享受自然的清新与阳光。

中庭区主要为观赏和休闲区域。作为所有房间都面对的景观中枢，根据通道、房间的不同视觉方位，在自然面进行了恰当的层次空间营造，力求每个方位都有唯美的画面呈现。

中庭从门口开始，通过蜿蜒的彩石小径、清澈涓细的溪流、精致自然的小桥、东南亚风情的休闲亭、禅意的流水钵、旱景，以及花丛中轻轻摇曳的秋千，和自然生态的绿化结合，让旅客一进入小院就感受到浪漫的慢生活情调。

　　为了营造自然生态、充满野趣禅意的景观空间，材质全部用天然材料，大部分就地取材，设计师和施工团队专门驱车到玉龙雪山和长江寻找天然石板和卵石、景石，利用它们的天然质感、色彩，因材施工。园区色彩斑斓的路径和生态水景均来自设计师现场对这些材料的合理应用和营造。

　　考虑现场环境和丽江充足的阳光，植物品种选用了三角梅等色彩纯正鲜艳的开花植物。为了与立体空间的和谐，地被植物进行了仿生搭配，打造"虽由人作，宛自天开"的意境。

三、它们都能抗严寒

植物品种精选推荐

日本五针松

花期

　5月

习性

　耐阴，忌湿，畏热。对土壤要求不严，不适于沙地生长。

　日本五针松枝干苍劲，枝条舒展，叶子紧密秀丽，是珍贵的观赏树种。宜与假山石配置成景，配以牡丹、杜鹃，或梅花、海棠、红枫。若做盆栽造型，经过加工，为树桩盆景之珍品。

紫丁香

花期

4—5 月

习性

喜光照，稍耐阴，耐寒性强。忌在低湿处种植。喜肥沃、湿润、排水良好的土壤。

紫丁香为北方常见的花木，盛开时花序满株，香气四溢，沁人肺腑，可在庭前、窗外孤植，或做盆栽。

白桦

花期

5—6 月

习性

生长速度中等。喜光，耐严寒，耐瘠薄及水湿。喜酸性土。萌芽性能良好，为深根性树种。

白桦树干通直，树皮洁白雅致，十分醒目，容易栽培，为重要的园林绿化树种，可孤植、丛植于草坪、河滨、湖畔，也可成片种植，组成美丽的风景林。

黄栌

花期

4—5 月

习性

喜阳，耐半阴。耐寒，也耐水湿。不择土壤，在瘠薄土壤和轻碱地上均能生长。

黄栌是著名的秋季红叶植物，花梗呈粉红羽毛状，久留不落，宛似炊烟万缕，入秋叶色鲜红，是北方秋季重要的观赏树种。丛植于庭园草地、栽于干燥向阳的坡地，或混植于树群边缘，均可为秋季景观增色。

海棠

花期

　　4—5 月

习性

　　喜光，不耐阴。耐寒，宜植于南向之地。耐旱，忌水湿。喜深厚、肥沃及疏松土壤。

　　海棠叶茂花繁，丰盈娇艳，不仅花色艳丽，而且果实玲珑可爱，是著名的观赏花木。可在门庭两侧对植，或在亭台周围、丛林边缘、水滨池畔丛植、列植及群植。在地势较高、背风、向阳处，均能栽植海棠。

东北连翘

花期

5月

习性

喜光，耐半阴。温带植物，耐寒，耐干旱瘠薄土壤，喜湿润、肥沃土壤。适应性强，病虫害少。

东北连翘是东北优良的早春观花灌木之一，先开花后长叶，满树金黄，可作为花篱或草坪点缀，观赏效果极佳，适宜栽植于庭园、公园、草坪、岩石假山、路旁等处。

火炬树

花期

5—7 月

习性

性强健，喜光，耐干旱、瘠薄和寒冷，耐盐碱，但不耐水湿，可以在不同类型土壤中生长。

火炬树有非常强的适应力，能在许多树种不能立足的地方扎根，是荒山绿化、固堤护坡的优良树种。

紫藤

花期

4—5 月

习性

植株强健，喜光、略耐阴，耐寒，耐旱。在微碱性土壤中也能生长良好，宜在湿润、肥沃、避风、向阳、排水良好的土壤中栽植。

紫藤枝繁叶茂，花大色艳，有"天下第一藤"之美称，是良好的棚架攀缘植物。用以遮盖柱杆和建筑，攀缘棚架、亭子和门廊，覆盖石栏，均十分美妙。用来装点假山湖石，亦十分雅致。用其制作盆景，茎干弯曲缠绕，宛若蛟龙。

玉簪

花期

7—9 月

习性

为典型的阴性花卉，忌强光直射。性耐寒，在长江中下游地区能越冬。喜湿，多长在林边、岩石边和草坡湿地。喜肥沃、疏松的砂质土壤。

玉簪叶片清秀，花色洁白如玉，清香宜人，为中国古典庭园中的重要花卉之一。玉簪也是优良的耐阴花卉，适合于树下或建筑物周围荫蔽处或岩石园中栽植，既可地栽，又可盆栽，或做切花切叶。

针叶福禄考

花期

4—5 月，8—9 月

习性

生性强健，喜向阳、干燥之地，在半阴处也能生长开花。忌水涝。适应性强，耐旱、耐寒、耐盐碱土壤，但以石灰质土壤最适生长。

针叶福禄考以花期长、绿期长而颇受青睐，植株叶色春季鲜绿，夏秋为暗绿色，冬季经霜后变成灰绿色。开花时，其繁盛的花朵将茎叶全部遮住，形成花海。特别是早春开花时，繁花似锦，喜庆怡人。最适合在庭院配植花坛或在岩石园中栽植，或大面积种植在平地、坡地或垂悬在垣墙上，群体观赏效果极佳，可替代传统草坪，是良好的地被植物。

大花萱草

花期

7—8 月

习性

喜光线充足，又耐半阴。耐寒性强，耐热稍差。耐干旱，耐水湿。对土壤要求不高，但以腐殖质含量高、排水良好的湿润土壤为好。抗病虫害能力强。

大花萱草可用来布置各式花坛花境、道路绿地、疏林草坡等，亦可凭借矮生特性做地被植物。

彩叶草

花期

7月

习性

彩叶草喜温暖、高温，不耐阴，需阳光充足的全日照环境，于半遮阴处也能生长，但长久日照不足会造成叶色淡化、不美观。种植土壤以疏松且排水良好的砂质土壤为佳。

彩叶草叶色丰富，且极具美感，是优秀的观叶植物，是装点花坛、花境的好材料，也可作为地被植物点缀庭院。

蜀葵

花期

2—8月

习性

喜光照，喜温暖向阳，能耐半阴环境。性耐寒，在华北地区可露地越冬。耐旱。耐瘠薄土壤，较耐盐碱，但以肥沃、疏松而湿润的砂质土壤生长最好。

蜀葵植株高大，花大色多，生长健壮，花期较长，是装点花坛、花境的重要材料，配合其他花期相近的花卉，可构成繁花似锦的花带。

花园赏析

茶室庭院

设计师	花园面积	项目地点
王健安	茶室面积为 15m², 庭院面积约为 200m²	黑龙江

主要植物配置

▶ 五角枫

▶ 五针松

枫树 ◀

金钱蒲 ◀

▶ 苔鲜

▶ 蕨类

　　物欲横流的今天，在钢筋水泥的城市中，坐在静谧的茶室或在庭院中漫步时，仿佛置身山林空谷，听雨喝茶，或看着小院雪景围炉煮茶，都别有一番诗意。

雅致茶室

王先生平时很爱喝茶，把自家的飘窗改建成一个日式的小茶室。

茶室坐北朝南，布置有茶桌、茶炉、铁壶、茶棚、茶炭等。壁龛内挂了一幅日本书法家今城昭二先生的作品，整个茶室给人一种闲适雅致的感觉。

庭院植物

茶室庭院内立有一盏春日型石灯，植物配有黑皮油松、南天竹、羽毛枫、大兴安岭杜鹃、马莲、青苔和蕨类。春日里这个角落一片青葱，植物高低错落，仿佛置身山林。

茶室正前方立了一座石塔尖，配有丛生五角枫和蕨类。茂盛的蕨类为石塔尖增添了几分神秘。远端是一座十一层石塔，配以黑皮油松和地柏。

茶室后方是个日式风格浓郁的角落，用竹帘和竹篱笆遮挡住了外部的环境，在这个角落布置了一个自然型石灯和水钵。植物配有丛生白桦、茶条械、三角枫、五角枫、竹子、五针松、地柏、蕨类和苔藓。

需要注意的是，哈尔滨冬季室外温度能达到零下三十多摄氏度，五针松、南天竹、羽毛枫、菖蒲等植物在室外不能过冬，须移到室内越冬。

庭院动物

　　庭院中的每一块石头都是精心挑选的,走在庭院里,有一种置身山林的感觉。

　　在这个庭院里,没有给狗和猫太多的限制,它们在这里怡然自得。

秋天的庭院

步入秋天，庭院中很多植物的叶子开始变色。在大自然这位优秀的调色师手下，不同程度的黄叶、红叶和绿叶将整个庭院装扮得更有意境。

在外忙碌奔波了一天后，坐在茶室，静静沏上一壶茶，闻着茶的清香，看着茶氤氲的雾气及茶室外庭院的风景，慢慢地喝上一口茶杯中清澈的茶汤，内心也会变得宁静祥和。

四、冬长夏短要选好

植物品种精选推荐

大丽花

花期

6—12月

习性

喜光，但阳光又不宜过强，幼苗在夏季要避免阳光直射。既不耐寒，又畏酷暑，生育适温为10~30℃。在夏季气候凉爽、昼夜温差大的地区，生长开花尤佳。不耐干旱，也怕涝。要求疏松、肥沃、排水良好的砂质土壤。易感染病虫害。

大丽花是世界名花之一，植株粗壮，叶片肥满，花姿多变，色泽艳丽，适于布置花坛、花境。做切花供瓶插或配置花束、花篮、花圈，均为良好材料。

石榴

花期

5—6 月

习性

喜光，在阴处开花不良。喜温暖、湿润，也有一定耐寒、耐旱能力。对土壤要求不高，但在湿润、肥沃的砂质土壤生长最佳。

石榴花、果均可观赏。初春嫩叶色彩鲜艳；盛夏繁花似锦；秋季叶色金黄，硕果高挂；冬季铁干虬枝，苍劲古朴。露地园林栽培可孤植、丛植于阶前、庭间、亭旁、墙隅、斜坡和草坪，配以山石更佳。矮生品种可做盆栽，置于阳台和居室。老桩可做树桩盆景，枝叶斜疏，红果点缀，更显高雅。

柽柳

花期

4—9 月

习性

强阳性树种，耐强光曝晒，不耐庇荫。适应性强，耐寒、耐热、耐旱、耐湿，极耐盐碱、沙荒。萌芽力强，耐修剪。

柽柳树姿婆娑，枝条柔软，叶纤秀，花色美丽，花期长，有垂柳的缠绵柔性，兼具针叶树与观花树种的特点。宜植于庭院水边观赏，因耐修剪，可做篱垣。

八宝景天

花期

4—5 月

习性

性喜强光、干燥、通风良好的环境，耐低温，长势强健。耐贫瘠和干旱，忌雨涝积水。喜排水良好的土壤。

八宝景天植株整齐，生长旺盛，开花整齐有气势，群体效果极佳。常用作盆栽与庭园、花坛、花境配置，也常用作地被植物，观赏价值极高。

二乔木兰

花期

2—3 月

习性

阳性树种，稍耐阴。喜空气湿润，耐寒性较强，对温度敏感。最宜在酸性、肥沃而排水良好的土壤中生长。

二乔木兰花大色艳，一树锦绣，高洁雅致，馨香满园，是著名的观赏树种，广泛应用于公园、绿地和庭院等处，适宜孤植、列植观赏。

木春菊

花期

全年开花

习性

喜温暖、湿润、凉爽的气候，不耐寒。适于富含有机质、疏松和排水良好的土壤。

木春菊花期甚长，因为茎部容易木质化，所以得名木春菊。由于花期长，近年在庭园布置中应用得越来越普遍。

阔叶山麦冬

花期

7—8 月

习性

喜阴，忌阳光直射。在湿润、肥沃、排水良好的砂质土壤中生长良好。

阔叶山麦冬四季常绿，叶形纤秀，花序为紫色，高出草丛，观赏效果好。适合在阴处或半阳环境作为地被栽植。或单、丛、孤植栽培于庭院内，或配置于石边、石缝。

芍药

花期

5 月

习性

性喜光，若植于阳光充足的地方，生长旺盛，花多而大。耐寒，在我国北方各省可露地越冬，夏季喜欢凉爽的气候。喜肥，根系较深，土壤以深厚的土壤及砂质土壤为好，以富含有机质的肥料为最佳。

芍药在园林中常成片种植，花开时十分壮观。也可沿着小径、道路做带形栽植，或在庭院丛植。

美花落新妇

花期

4—5 月

习性

适应性强，性强健，喜温暖、半阴，耐寒，在湿润环境下生长良好。对土壤适应性较强，喜微酸性、中性、排水良好的砂质土壤，也耐轻碱性土壤。

美花落新妇叶色翠绿，叶形雅致，花小而繁密，花色红而淡雅，花序挺立于绿叶之上，高洁而不傲，淡雅而不娇，层次分明，是优良的园林花卉。适宜大面积做地被植物，成丛点缀庭园，亦可用于花坛和花境。

鸡爪槭

花期

5 月

习性

　　喜光但怕烈日，属中性偏阴树种，喜欢温暖湿润、气候凉爽的环境。较耐寒，在黄河流域一带，冬季气温低，但只要环境良好，仍可露地越冬。在微酸性、中性和石灰性土中均可生长。

　　鸡爪槭叶形美观，入秋后转为鲜红色，色艳如花，灿烂如霞，为优良的观叶树种，植于草坪、土丘、溪边、池畔、路隅、墙边、亭廊、山石间做点缀，均十分得体。制成盆景或盆栽用于室内美化也极雅致。

花园时光 —— 阳台、露台、小庭院

172

香蒲

花期

5—8月

习性

喜阳光充足的环境，耐半阴。冬季能耐 − 15 ℃低温。喜温暖、湿润，耐寒，怕干旱。

香蒲植株高大挺拔，叶形美观，叶绿穗奇，是我国传统水景材料，点缀庭园池畔，构筑的水景有幽静、清凉之感，常成片种植，也可丛植。其烛状花序，用于插花，装饰室内可增添浓厚的情趣。

蜡梅

花期

头年 11 月至翌年 3 月

习性

适应性强，喜阳光充足的环境，耐半阴。较耐寒，在不低于 −15 ℃的气温下能安全越冬。喜土层深厚、湿润、疏松、排水良好的微酸性土壤。发枝力强，耐修剪。

蜡梅枝干古朴，凌寒绽蕊，自古以来深受我国人民的喜爱。其花色似蜡，花期长，是具有中国园林特色的冬季典型花木。一般以自然式孤植、丛植于庭院内，配置于入口处两侧、厅前亭旁、窗前屋后、水畔斜坡。花枝可作为切花欣赏，老桩还是制作盆景的好材料。

花园赏析

"绿野仙踪"花园

设计单位	项目面积	项目地点
愚工造园	50 m²	北京

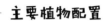

主要植物配置

三角梅

变叶木

月季

矮牵牛

蛇鞭菊

金边吊兰

这个花园的设计灵感来源于童话故事《绿野仙踪》和《爱丽丝梦游仙境》，花园主人追求浪漫、舒适的花园生活，希望在50㎡的场地内打造出童话般的专属空间。

"绿野仙踪"入口

欢迎来到"绿野仙踪"。入口是一扇木质的圆拱门，搭配铁质的门牌和黑色的风铃。精致的大门仿佛在告诉你，这是一扇通往奇妙世界的大门。

黑色门牌边缘有花藤图案，上面的金色单词"Bienvenue"是法文"欢迎"的意思，让人对这个花园更为好奇。

蜿蜒的道路

进入花园后，映入眼帘的是一条铺了红砖的蜿蜒道路，弯曲的小路与直路相比，多了许多乐趣，给人一种拐弯处会有惊喜的感觉。

道路两侧的风光

花园的主路两侧采用各类花卉、观赏草与小灌木进行布置，同时搭配装饰汀步，自然生趣。

装饰汀步有两种：一种是白色的，上面画了花和小动物，充满童话气息；另一种是青色的，与旁边的铺面十分协调，青色汀步旁还散落着一些浅色的鹅卵石，与对面的白色装饰汀步呼应。

花园的植物以常绿的小灌木和观赏草为主，搭配了一小部分开花的草本植物。常绿植物方便打理，但也会缺少一些乐趣。搭配一小部分开花植物，能点亮整个花园。花园主人可以根据喜好种植不同的开花植物，劳动量也不大。

雾化涌泉

　　雾化涌泉是花园里的焦点之一，雾气从石头中源源不断地冒出，颇有一番身在仙境的感觉。鹅卵石上还有一只小兔公仔隐在植物中，只要你用心，总能发现这个花园里的小惊喜。

童话小摆件

在花园的不同地方放置了许多大大小小的、富有童话气息的小摆件，藏着许多小惊喜。

花园中有一个沙坑，是供主人家的爱犬嬉戏的。边缘用长短不一的木桩围着，而旁边放置了一个狗和猫的摆件，即使主人家的爱犬没来这里玩，有这对猫狗陪着，沙坑也不会孤独。

座椅旁的扶手上放了一个"小仙女"和一幅充满童趣的画，使整个花园更具童话色彩。

植物旁边放置了一个"蜻蜓"喷灌装置，外形可爱，旋转挥洒时，宛如仙境。

休闲区

花园的后部设置了一个休闲区,木质的铺装给人一种舒适的感觉。休闲区放置了一套桌椅,可以坐在这里喝下午茶,感受这个童话世界。

在《绿野仙踪》中,多萝茜说:"没有一个地方比得上家(There's no place like home)。"大概每个心底藏着童真的人都希望到彩虹之外的地方寻找自我,但是家永远是他们最温馨的港湾。要坚定自己内心的信念和渴望,这样才能抵达想去的远方。在这个花园里,童话世界变成了现实,绚丽缤纷,奇异美妙。

陪孩子们成长的梦幻花园

设计单位	项目面积	项目地点
北京陌上造园	60㎡	北京

主要植物配置

▶ 吊竹梅

▶ 地锦

▶ 月季

幌伞枫

海南龙血树

▶ 绣球

▶ 肾蕨

▶ 雀舌黄杨

金银花 ◀

　　为了在庭院里与孩子们尽享欢乐，庭院主人希望打造一处充满童趣的梦幻花园。设计师在庭院内设计了一个抬高的花池，并结合假山水景营造地势变化，使庭院变得更有层次。庭院中为小朋友设计了一个弧形沙坑，结合可爱的雕塑小品及形态各异的植物，竭力打造出一个神秘的梦幻花园，满足他们在庭院内的娱乐活动需要。

庭院入口

　　庭院入口处种了一丛月季，每天都在热情地欢迎主人归来。庭院入口最引人注目的便是大门左侧的绿墙，整面墙爬满了爬山虎，增强了庭院的隐秘性。

充满趣味的装饰品

为了打造一个小朋友喜欢的梦幻花园，庭院中放置了很多充满趣味的装饰品。这些装饰品虽是刻意而为，却恰到好处，放在恰当的位置，使庭院变得十分神奇和充满魅力。

枝头上悬挂的装饰鸟巢里，仿佛下一秒就有童话中的小鸟飞出，与小朋友玩耍。

漫步庭院中，在花丛旁会看到一只戴着草帽的乌龟路过，转角发现置于石头之上的青蛙，表情生动有趣，令人发笑。

隐匿在花园中的石灯笼，平日里就像其他的景观雕塑一样若隐若现，到了晚上，从花园绿地透出微微亮光，给这个角落增添了几分神秘与浪漫。

绿墙角落里放置了一个花钵取水口，既符合花园风格，又方便美观，在进行园艺劳动时，取水十分方便。

假山水景

　　假山水景位于庭院中的观赏区，被布置在抬高的花池中，周围遍布山石和茂密的绿植，有两个作用：其一，安全有效地防止孩子们靠近水体；其二，突出精心布置的水景，使其容易被大家看到。

小朋友的天堂

　　沙池是特意为小朋友预留的，配上一些玩具和雕塑，从幼儿到少年都可以在这一方小小的天地进行自己的想象创造。

　　小朋友一般喜欢纯度高、饱和度低或不强烈的中性色彩，所以选用纯度较高的红色花池沿、蓝色卡通玩偶、蓝白结合的儿童座椅等元素进行装饰。另外，还可将沙池打造成孩子们跳远的场地。

半地下庭院

这个庭院有一处半地下空间，抬脚进入这个半地下庭院空间后，就会看到浓绿的植物在花池中错落有致地排布着。阳光需要透过天窗上的玻璃才能照射到这里，因而这里不适合种植开花植物，只能种观叶植物。

抬眼看去，红色的花池、蓝色的栅格、洁白的墙面和茂密的植物形成强烈的对比，墙上的栅格增加了视觉上的延伸感，使这个半地下庭院更显宽阔。

仔细观察的话，可以看到植物丛中也有不少可爱的人物摆件，仿佛来到了童话般的小人国。

这个梦幻的花园，将陪伴家中的小朋友一起度过一段美好的时光，在他们长大后，回顾这个花园时，内心一定充满了幸福感。

图书在版编目（CIP）数据

花园时光：阳台、露台、小庭院 / 凤凰空间华南编
辑部编著 . -- 南京：江苏凤凰美术出版社，2020.12
　　ISBN 978-7-5580-4489-2

　　Ⅰ . ①花… Ⅱ . ①风… Ⅲ . ①庭院 - 园林设计 Ⅳ .
① TU986.2

　　中国版本图书馆 CIP 数据核字 (2019) 第 227106 号

出版统筹	王林军
策划编辑	罗瑞萍　马婉兰
责任编辑	王左佐
助理编辑	孙剑博
特邀编辑	蒋林君
装帧设计	林冠奇
责任校对	刁海裕
责任监印	唐　虎

书　　名	花园时光　阳台、露台、小庭院
编　　著	凤凰空间·华南编辑部
出版发行	江苏凤凰美术出版社（南京市湖南路1号　邮编：210009）
出版社网址	http : //www.jsmscbs.com.cn
总 经 销	天津凤凰空间文化传媒有限公司
总经销网址	http : //www.ifengspace.cn
印　　刷	河北京平诚乾印刷有限公司
开　　本	710mm × 1000mm　1/16
印　　张	12
版　　次	2020年12月第1版　2020年12月第1次印刷
标准书号	ISBN 978-7-5580-4489-2
定　　价	68.00元

营销部电话　025-68155790　营销部地址　南京市湖南路1号
江苏凤凰美术出版社图书凡印装错误可向承印厂调换